Procreate
厚涂数字绘画
鉴赏与实战

王常圣 著/绘

人民邮电出版社

北京

图书在版编目（CIP）数据

Procreate厚涂数字绘画鉴赏与实战 / 王常圣著、绘
. -- 北京 : 人民邮电出版社, 2023.11
ISBN 978-7-115-61527-5

Ⅰ. ①P… Ⅱ. ①王… Ⅲ. ①图像处理软件 Ⅳ.
①TP391.413

中国国家版本馆CIP数据核字(2023)第063974号

内 容 提 要

厚涂是一种绘画技法，而非特定的绘画风格。CG绘画多以厚涂来指用绘画软件的相关特性模拟油画的一种绘画技法。在Procreate中使用厚涂技法的场景非常广泛，如专业原画师塑造和刻画主角人物（或场景、动物）、游戏美宣、人物主题的插画绘制（用厚涂技法画超写实人像）、商业版漫画同人创作（画二次元人物）、大型游戏角色的细节创作等。

本书用画册美图鉴赏+ 技法教程形式来介绍Procreate厚涂技法，画册美图鉴赏部分基本都是"高颜值小姐姐"，技法教程部分案例内容通过人物（高颜值小姐姐）+ 动物（萌宠）+ 风景（经典构图）三大题材来介绍厚涂技法。第一章介绍画图的前期准备，包括常用笔刷、肌理及图底，理解体块及笔触方向；第二章进行人物厚涂技法讲解，从人物五官开始讲起，然后用14个案例进行了经典的Procreate人物厚涂技法讲解及示范；第三章进行动物厚涂技法讲解；第四章进行风景厚涂技法讲解。

本书适合作为读者学习绘制人物方法的自学用书，也适合作为数字人物绘制相关专业的教材。

◆ 著 ／绘 王常圣
　　责任编辑 何建国
　　责任印制 周昇亮

◆ 人民邮电出版社出版发行　　北京市丰台区成寿寺路 11 号
　　邮编 100164　电子邮件 315@ptpress.com.cn
　　网址 https://www.ptpress.com.cn
　　北京捷迅佳彩印刷有限公司印刷

◆ 开本：787×1092　1/16
　　印张：7　　　　　　　　　　2023 年 11 月第 1 版
　　字数：149 千字　　　　　　　2024 年 8 月北京第 3 次印刷

定价：59.80 元

读者服务热线：(010)81055296　印装质量热线：(010)81055316
反盗版热线：(010)81055315
广告经营许可证：京东市监广登字 20170147 号

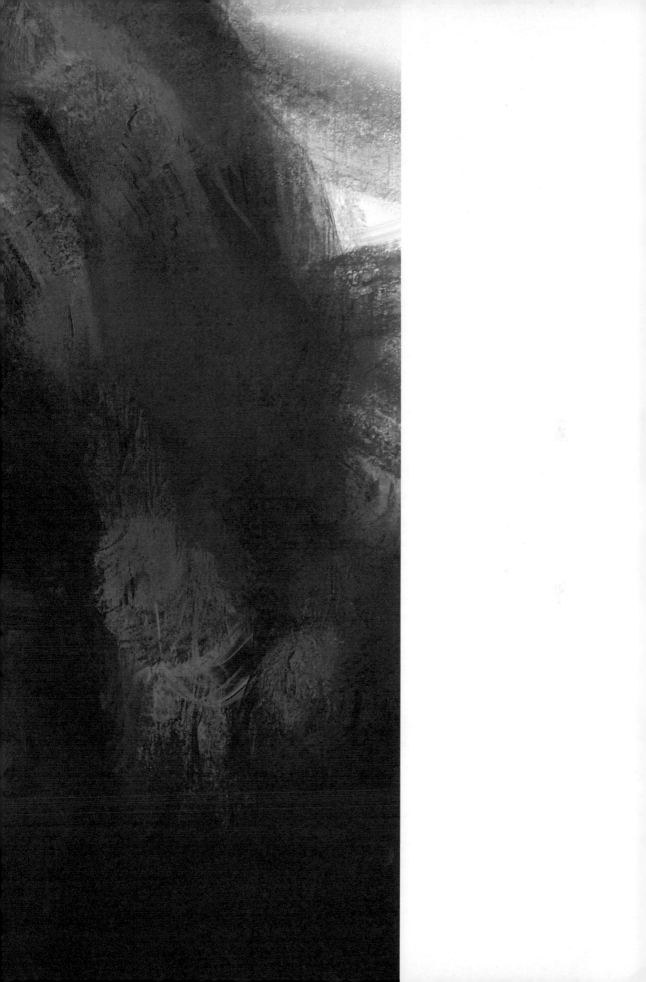

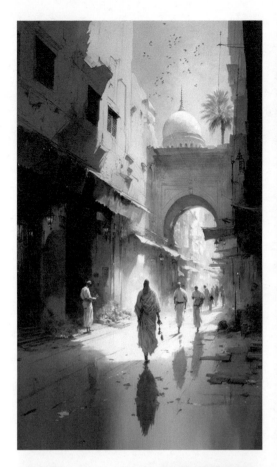

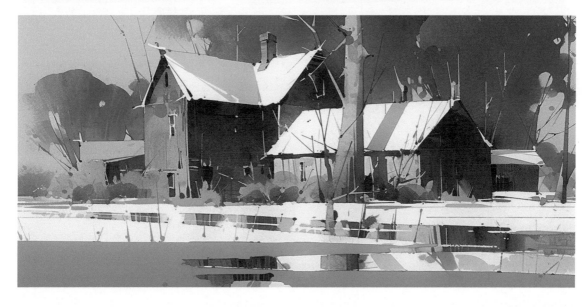

CONTENTS

01

02

03

第三章　动物厚涂技法讲解 / 093

Procreate 动物示范讲解 / 094

04

第四章　风景厚涂技法讲解 / 105

风景示范讲解 / 106

第一章
画图的前期准备

1.1 大圣笔刷、肌理及图底

1.1.1 常用笔刷

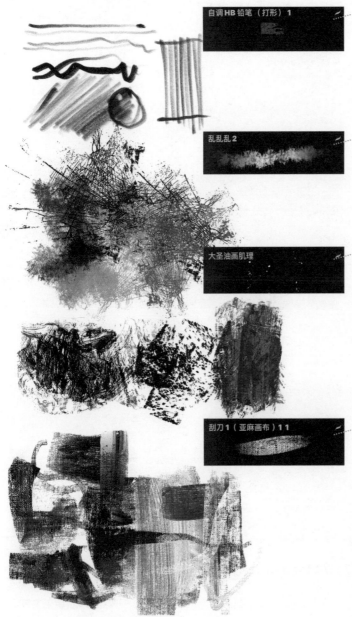

01 自调 HB 铅笔（打形）1

打形用HB铅笔比较好，有粗细和轻重变化，可以用侧锋画粗线条，也可以直接用在睫毛、下眼睑、鼻孔、嘴角、头发、首饰等的塑造中，亦可用于画速写。

02 乱乱乱 2

铺色做肌理变化时十分好用，不过要把该笔刷调大才易画出斑驳纹理，笔刷较小时可做局部的柔和过渡处理。

03 大圣油画肌理

这是最常用的铺色笔刷之一，大部分油画作者都使用该笔刷铺大色，直接平涂即可。侧锋无明显变化，轻轻下笔能得到比较虚的纹理，轻点下笔时有与平涂不同的点状纹理。该笔刷也可以用于叠色（不同的颜色上在同一个区域中，不涂均匀）。

04 刮刀 1（亚麻画布）11

一款十分好用的肌理笔刷，可以用于铺色，也可以用于塑造、做肌理、涂抹等。在铺大色时可直接用其大笔触上色，画细节时缩小笔触进行塑造（笔触本身有涂抹效果，在上色时可以混合不同的颜色），不同的力度下颜色的混合和着色程度不一样。该笔刷用于画背景、头发等肌理时非常好用，可以做出很好的混色带刮痕的亚麻效果。

05 大圣油画超级纹理边缘色彩混合 2

该笔刷为特制油画笔刷，可以画出有趣的混合肌理效果。在使用该笔刷时注意力度和混合底色的变化（根据底色的不同，上层上色会有白边、黑边、彩色边的不同，边缘是笔刷的特色，可以保留也可以用涂抹混合）。画的时候多保留笔刷的颗粒肌理，体现油画特色，使用时多用较实的笔触营造洒脱感。

06 大圣油画肌理混合

该笔刷是最常用的涂抹笔刷之一，可以在用铺色笔刷大圣肌理画完大色之后用于涂抹（一般在涂抹模式下使用，例如动物示范都是用该笔刷在涂抹模式下刻画的）。其优点是涂抹时有肌理变化、不死板，不建议反复涂抹（会显得"油腻"），涂抹时注意笔触的力度和方向。

07 油画涂抹（涂抹选这笔刷！）

该笔刷是很好用的涂抹笔刷，用在脸部等画面有肌理的地方，可以画出颗粒和线性的纹理。

08 大圣油画 常用

该笔刷常用于脸部及体块铺色，前期可以用来增强体块意识。

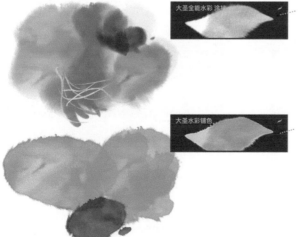

09 大圣全能水彩 涂抹

该笔刷是好用的铺色及塑造一体的水彩笔刷，可以自由地糅合颜色（自带混色效果），同时笔刷自带水彩纹理。使用该笔刷时需要把控力度，大笔触用于铺色，中笔触用于画体块、表现肌理，小笔触用于画细节、毛发等。

10 大圣水彩铺色

该笔刷适合用于大面积的水彩铺色，不适合用于叠加及糅合，适用于一次性铺色、绘制肌理或者背景。

1.1.2 常用肌理、图底

01 ◀ 常用肌理

常用的灰度图底肌理，一般在画的过程中或者画完后使用。用图层模式（覆盖、柔光、强光）叠加在所有图层上方，会有斑驳的油画肌理印在画面上。

02 ▼ 常用肌理

常用的皲裂纹路肌理，在画的过程中或者画完后使用，可以为画面添加皲裂的沧桑质感，让画面的油画效果更加突出。用图层模式（正片叠底、颜色加深）叠加在所有图层上方。

01 ▲ 常用图底

常用的水彩纹理图底，用图层模式（正常）置于所有图层下方（上色图层改为正片叠底），或用图层模式（正片叠底）叠加在所有图层上方（上色图层为正常）。

02 ▲ 常用图底

常用的油画纹理图底，用图层模式（正常）置于所有图层下方。在上方图层绘画时不要画得太满，适当用刮刀笔刷涂抹出底层的肌理。

1.2 理解体块及笔触方向

1.2.1 面部器官的体块及笔触方向

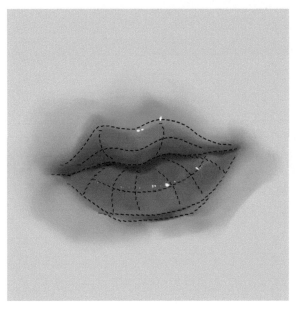

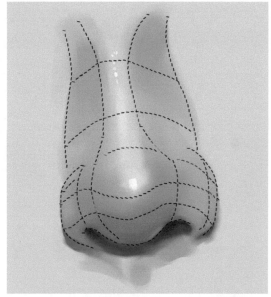

为大家整理了几个面部器官的体块及笔触方向，大家可以根据其理解头部体块规律，从而更直观地了解如何塑造人物的体积感。

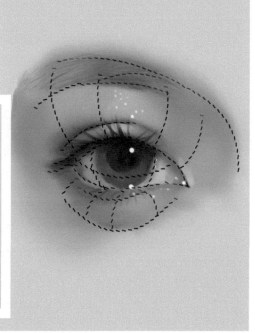

很多初学者绘制的画面让人感觉"奇怪"的根本原因就是初学者缺少体块意识，即用一块块小的形体去理解、分析复杂形体，用体块去观察和分析头像，用笔触方向去理解体积每个小的起伏。对体积的理解是不依赖于光影变化的，光影只是更好地呈现体积感的工具。

1.2.2 头部体块及笔触方向

画人物需要把笔触方向和物体的体块相结合，只有这样，才能正确体现人物的体积特征和骨骼。同时我们要注意物体的体块变化（对体块的走向敏感），不要因太过在乎表面的毛发或者凹凸而忽视了整体的体块变化。

图例里的女性人物脸部的结构并不明显，不像年轻男性或者老人有明显的骨骼结构，例如颧骨、下颌骨、颞骨、眉弓等，尤其是年轻男性的颧骨，体块和笔触方向在处理颧骨时对脸部体积的塑造十分重要。

有的年轻女性脸部的颧骨比较平，看起来肉肉地鼓起来，我们可以用更简单的体块概括（注意腮红颜色变化）。而口轮匝肌、眉弓、鼻梁、下颌处，图例里的女性结构还是很有美感且立体的。每个人物的骨骼和肌肉都有区别，但是大的体块是固定的，所以我们要理解本质，用笔触表现体块（骨骼结构）。

第二章
人物厚涂技法讲解

2.1 Procreate 网格法讲解

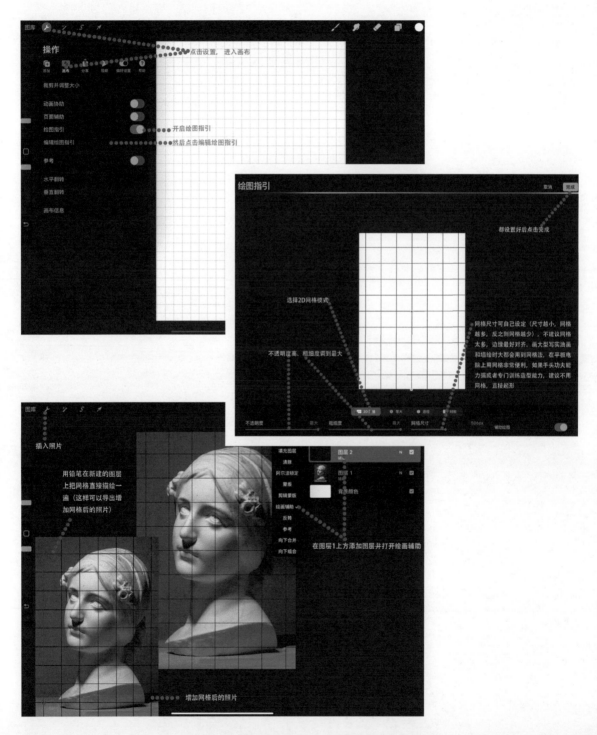

点击设置, 进入画布

操作

裁剪并调整大小

动画协助

页面辅助

绘图指引 —— 开启绘图指引

编辑绘图指引 —— 然后点击编辑绘图指引

参考

水平翻转

垂直翻转

画布信息

绘图指引 取消 完成

都设置好后点击完成

选择2D网格模式

不透明度高、粗细度调到最大

网格尺寸可自己设定（尺寸越小, 网格越多, 反之则网格越少）, 不建议网格太多, 边缘最好对齐。画大型写实油画和墙绘时大都会用到网格法, 在平板电脑上用网格非常便利, 如果手头功夫能力强或者专门训练造型能力, 建议不用网格, 直接起形

不透明度 最大 粗细度 最大 网格尺寸 5060x 辅助绘图

插入照片

用铅笔在新建的图层上把网格直接描绘一遍（这样可以导出增加网格后的照片）

填充图层
清除
阿尔法锁定
蒙版
剪辑蒙版
绘画辅助
反转
参考
向下合并
向下组合

图层 2

图层 1

背景颜色

在图层1上方添加图层并打开绘画辅助

增加网格后的照片

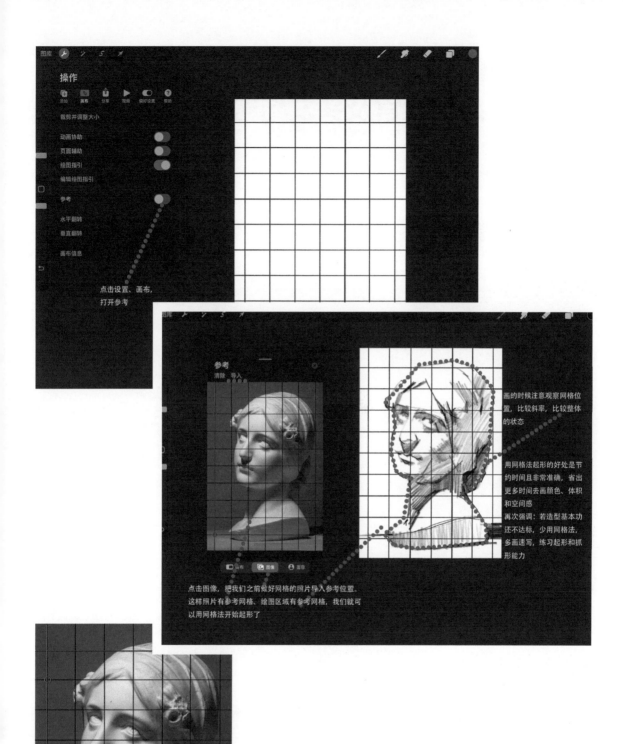

操作

添加　画布　分享　视频　偏好设置　帮助

裁剪并调整大小

动画协助
页面辅助
绘图指引
编辑绘图指引
参考
水平翻转
垂直翻转
画布信息

点击设置、画布，
打开参考

参考
清除　导入

画的时候注意观察网格位置，比较斜率，比较整体的状态

用网格法起形的好处是节约时间且非常准确，省出更多时间去画颜色、体积和空间感
再次强调：若造型基本功还不达标，少用网格法，多画速写，练习起形和抓形能力

画布　图像　面容

点击图像，把我们之前做好网格的照片导入参考位置。
这样照片有参考网格、绘图区域有参考网格，我们就可
以用网格法开始起形了

051

2.2 Procreate 人物五官及头发结构讲解

2.2.1 眼睛

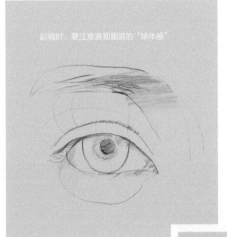

起稿时，要注意表现眼睛的"球体感"

02▶

整体铺色时注意体积感，根据人物妆容特征去选择眼睛周边的颜色。此处淡妆颜色偏雅致，因此绘制时要注意冷暖微妙变化，整体偏一点冷灰（不同于皮肤的暖灰色）。

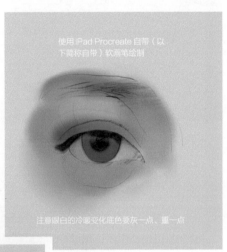

使用 iPad Procreate 自带（以下简称自带）软画笔绘制

注意眼白的冷暖变化底色要灰一点、重一点

01▲

根据眼睛的基本结构是一个球体，画出线稿。眼睑、眼角、眼袋的位置需要重点观察并绘制，这些都决定了眼睛的特征。

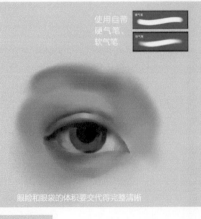

使用自带硬气笔、软气笔

眼睑和眼袋的体积要交代得完整清晰

03◀

深入刻画出体块和空间，刻画时注意整体体积变化（抓大放小）。眼睑的特征注意虚实来刻画，以体现暖色里面的色相和明度变化。塑造瞳孔的笔触用围绕球体的方法来运笔。

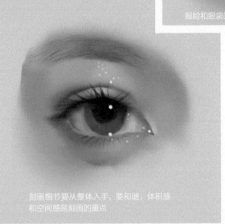

刻画细节要从整体入手，要和谐，体积感和空间感是刻画的重点

04◀

刻画细节、在保持体积的基础上增加灰面的层次，上色时要把握虚实变化，切勿一笔涂抹到底。睫毛铺色可以用软气笔，用硬气笔橡皮擦出睫毛的形状，并控制笔触的轻重变化画出睫毛从实到虚的感觉，同样的方法顺着眉毛的生长方向画出眉毛来！

2.2.2 鼻子

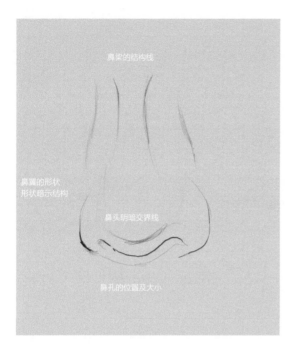

鼻梁的结构线

鼻翼的形状
形状暗示结构

鼻头明暗交界线

鼻孔的位置及大小

01 ▲

鼻子的起形要表现鼻头、鼻翼、鼻梁和鼻孔。初学者要注意鼻翼的形状要肯定而准确，明暗交界线和鼻梁下笔"轻"一点，便于后期调整。

02 ▼

通过Procreate自带的软画笔整体铺色，用比底色深一点的肉色整体加重一遍，然后根据鼻头的形状，对明暗交界线进行加深，两侧的鼻翼比起偏红的鼻头"冷"一点，暗部鼻孔处有一点泛红，要把这种红色隐藏在暗部中。

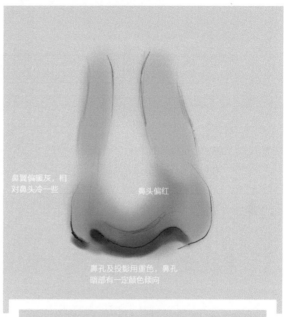

鼻翼偏暖灰，相对鼻头冷一些

鼻头偏红

鼻孔及投影用重色，鼻孔暗部有一定颜色倾向

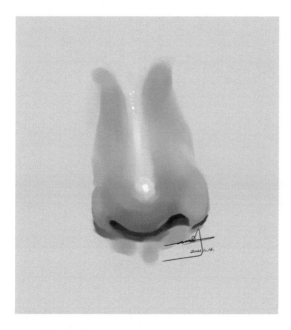

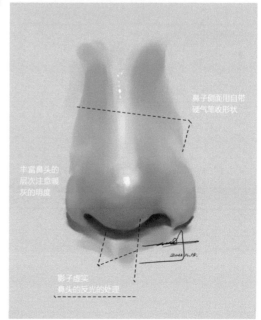

鼻子侧面用自带硬气笔收形状

丰富鼻头的层次注意暖灰的明度

影子虚实
鼻头的反光的处理

03 ▲

继续丰富体块及结构关系，丰富鼻头的层次，笔触可以概括一点。

04 ▲

最后，在橡皮模式下用硬气笔收边，得到更加规整的边缘形，用软画笔适当地涂抹，以柔和笔触之间的衔接效果。

2.2.3 嘴巴

01 ▶

起形时注意透视的变化。添加一个图层填充底色，嘴巴的结构要点在于嘴角、上嘴唇与下嘴唇交界线、唇沟以及上嘴唇和人中区域，应加强表现，同时要注意口轮匝肌、上下唇的体块关系。

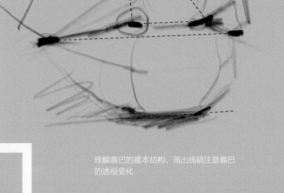

上嘴唇及下嘴唇的穿插体现了空间的变化，要重点刻画和注意

理解嘴巴的基本结构，画出线稿注意嘴巴的透视变化

02 ▼

顺着体块结构铺色，近处的颜色纯、重一些，远处的灰、轻一些。近实远虚是规律，可以体现空间感。

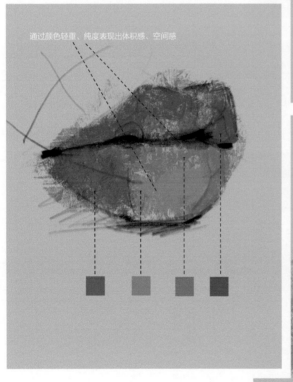

通过颜色轻重、纯度表现出体积感、空间感

03 ▶

隐藏线稿，进一步刻画体块关系，加入反光，看卡点的颜色哪个比较重，近处的卡点最重，远处我们换一个颜色来卡点。

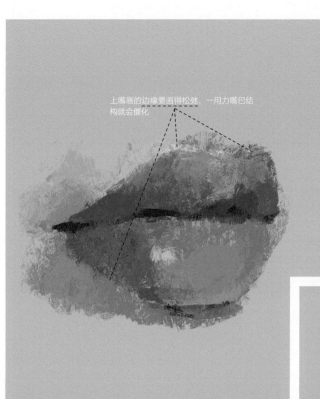

上嘴唇的边缘要画得松弛，一用力嘴巴结
构就会僵化

04 ◄

把上嘴唇的细节绘制得更加丰富和饱满。

05 ▼

修饰上嘴唇的边缘，使其和周围衔接更流畅，
深入地刻画下嘴唇的层次，点出高光，注意高
光的大小和明暗有变化。

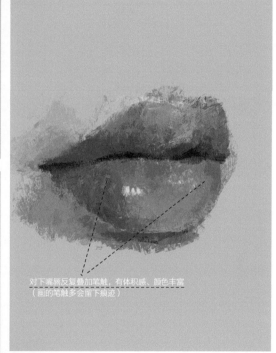

对下嘴唇反复叠加笔触，有体积感、颜色丰富
（画的笔触多会留下痕迹）

06 ◄

丰富上、下嘴唇的细节，眯着眼睛检查整体空
间和形体关系，无须涂抹，保持粗糙的绘画
质感。

2.2.4 耳朵

01 ▶

起形，耳朵的结构比较复杂，虽然我们在日常整体的绘画中，并不会把所有的细节一一体现，但是画好耳朵是非常重要的。我们需要注意耳垂、耳轮、耳屏、耳窝等几个关键的结构，在绘画时予以强调和刻画。

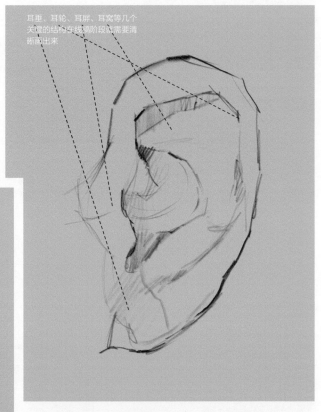

耳垂、耳轮、耳屏、耳窝等几个关键的结构在线稿阶段就需要清晰画出来

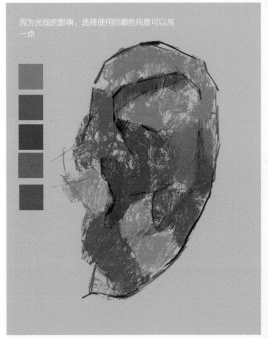

因为光线的影响，选择使用的颜色纯度可以高一点

02 ▲

图例中的耳朵整体处于阳光下，而且耳朵本身毛细血管丰富，就显得比较红。我们在亮部用较为暖且纯度高的颜色铺色，暗部用偏紫的色彩围绕体块下笔。

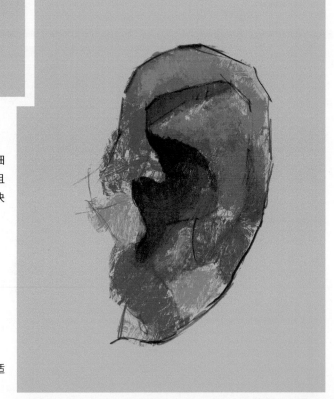

03 ▶

加重暗部的颜色，体现内部耳窝结构的空间感并适当增加投影层次。

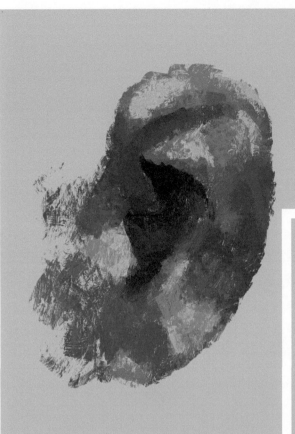

以上述方法继续深入刻画整体体块，笔触适当松动，把尽可能多的颜色画进去，有些颜色可能没那么准确，但没关系，绘制过程中反复调整，以得到合适的颜色。

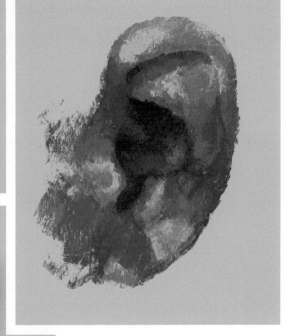

微调画面的层次，再仔细调整结构的穿插点、耳朵的肉色

05 ▴

进行耳窝的卡点和强调，同时刻画耳轮的形状，加强整体的体积感。

06 ◂

刻画细节，左边加一些重色凸显出耳朵的空间感。

2.2.5 眉毛

01 ◂

确定眉毛的形状，轻轻勾勒出轮廓（每个人的眉型都不同）。

02 ▴

注意形体的变化和细节的塑造。

03 ◂

眉毛不可孤立地刻画，把眉弓和眼睛球体结构画出，分出亮部和暗部。

04 ▶

注意右边的眉弓处在暗部，需要整体压重，同时卡点的区域是眉弓的高点和低点，需要加重！

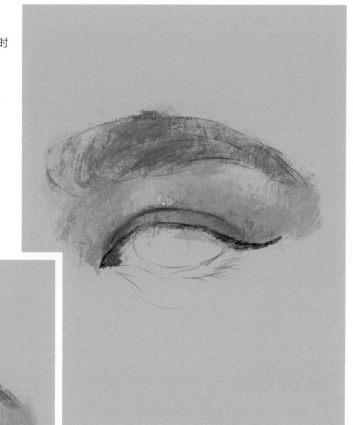

05 ▲

继续加重眉弓的暗部，建立了体块和结构就可以开始画具体的眉毛了！注意左边、中间、右边眉毛的方向（轻重和颜色也不同）

06 ▶

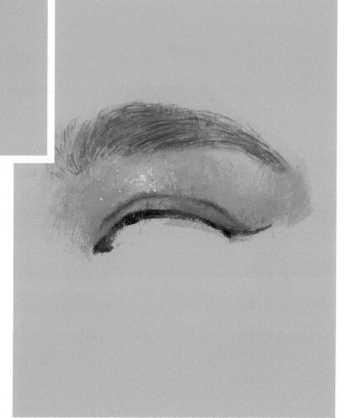

2.2.6 头发

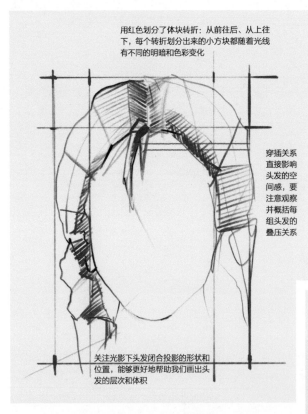

用红色划分了体块转折：从前往后、从上往下，每个转折划分出来的小方块都随着光线有不同的明暗和色彩变化

穿插关系直接影响头发的空间感，要注意观察并概括每组头发的叠压关系

关注光影下头发闭合投影的形状和位置，能够更好地帮助我们画出头发的层次和体积

01 ◂

画出头发的大型，明确头发画法的3要素：体块转折、穿插关系、闭合投影。

02 ▾

铺出头发的颜色，注意明确头发的体块、色相变化、明度变化。

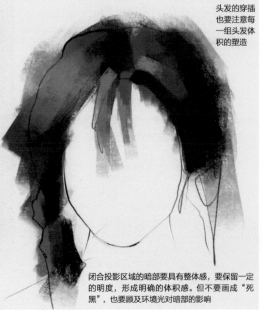

颜色保持明度和色相变化、很多人在处理头发颜色时只有明度变化没有色相变化，那样就会"发闷"

头发的穿插也要注意每一组头发体积的塑造

闭合投影区域的暗部要具有整体感，要保留一定的明度，形成明确的体积感。但不要画成"死黑"，也要顾及环境光对暗部的影响

明暗交界的地方颜色比较纯，暗部在整体的基础上多画出层次变化

03 ◂

增加细节，使头发有飘逸感，让颜色和笔触有变化。

2.3 Procreate 人物肖像技法讲解及示范

2.3.1 光线美女示范——二分法讲解

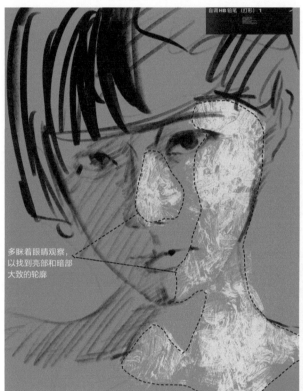

02 ▼

画出大致的颜色关系，这时候把感受和客观对象的关系统一起来，比如在亮部加入一些偏肉色和紫红色的颜色，在暗部用明度和饱和度更低的暖色。并不是每种光线都是"亮部暖黄、暗部紫色"，我们更需要耐心、细心地观察对象因为环境而产生的颜色变化。

01 ▲

用网格法起形，这里用自调HB铅笔（笔刷可大可小，根据自己的感觉来判断），用辅色笔刷大圣肌理铺色。注意！这里先分出亮部和暗部区域关系。

03 ◀

深化整体关系。

用大笔触概括处理色块的变化和光影明暗关系，围绕着结构下笔会更准确，一开始更注重感受，画出大概的面部器官位置和结构点位，面部器官概括表达，不要强调细节。头发用体块的模式去绘制。注意这一步还没有很明确地塑造，都在用比较放松的笔触表现"关系"。

04 ▶

概括绘制面部器官体块关系。

我们可以隐藏线稿，进一步细化右边受光区域的眼睛、脸颊的层次。注意二分法的使用不是简单地一分为二，在亮、暗部区域里，我们要分别去找亮部和暗部的变化，同时在明暗交界线处"做文章"，这个地方的颜色往往比较丰富且较纯。这也是二分法比较难处理的位置，画的时候用笔刷去"编织"，这里的变化比较柔和。

嘴巴其实不容易表现，因为这里的嘴巴处于暗部，所以我们画的时候要控制好嘴巴颜色的纯度，整体适当灰一些、暗一些（相对亮部而言）才能凸显明暗的层次。

交界线附近强
对比、高纯度

嘴巴暗部和亮部拉开纯度
关系，暗部保证颜色倾向
不会显得脏

05 ▶

深入刻画面部及头发。

对面部及头发进行进一步的塑造，右边的眼睛整体在亮部，要特别注意其颜色，使用非常强烈的明暗去处理，用卡点的方式凸显其体积关系，同时注重大的体块变化。很多人因为画眼睛时太注意质感而忽视了结构，这是本末倒置的。头发部分用体块的表现方法进行整体的塑造，画到这一步，人物的形象就很有表现力了。

06 ▼

对发丝进行调整，对脖子部分进行深入刻画，同时概括处理背景，这里区分脸部、头发、脖子、胸腔4个区域的刻画深度和节奏感，尤其是胸腔部分，几乎留白，让画面更有韵味。

关键结构需要卡点，以强调结构边缘和强化空间

大圣油画 肌理混合

07 ▶

涂抹画面，调整细节。

概括地处理头发，让笔触融合在画面里。

用涂抹笔刷进行深入的、节奏控制的涂抹，对背景进行弱化处理，同时适当弱化脸部的笔触。尤其是处于暗部的眼睛，笔触太过跳跃，用大圣油画肌理混合笔刷进行削弱性涂抹，这样二分的明、暗部能非常自然地融合在一起。

2.3.2 光线美女示范——强烈光感营造

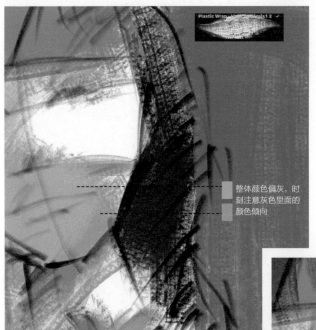

整体颜色偏灰,时刻注意灰色里面的颜色倾向

前期少看细节、多看体块,把形体用体块方式建立起来非常重要

01 ◄

用网格法起形,快速铺色,注意每幅图的光线因为周围的环境及时间的不同有很大的区别。这里的室内环境光线偏灰一些,我们要学会处理。

02 ▼

画出大概的颜色关系,对体块关系进行表现,后面进行提纯和提亮。

03 ◄

对面部器官形状概括表现,注意在嘴巴上方口轮匝肌的运笔,顺着体块的结构去下笔,这样才符合肌肉的规律。笔触和颜色附着在形体上,而不是飘的,耳朵的几笔也是同样的原理。

这个角度的透视务必
准确，否则很别扭

看似随意的笔触必定
具有形状＋体积＋空
间＋节奏的逻辑支撑

04 ◄

隐藏线稿，用铺色笔刷大圣肌理继续画出层次。

进一步细化左边暗部区域的脸颊、鼻子的层次，尤其是鼻头和鼻基底部分，这里形状不太好把控。这个角度我们要注意鼻孔的形状及透视，两个鼻孔的暗部要有纯和重的变化，切勿"一刀切"。

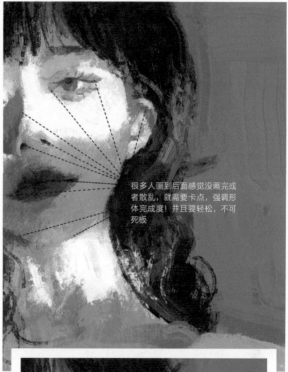

很多人画到后面感觉没画完或者散乱，就需要卡点，强调形体完成度！并且要轻松，不可死板

05 ►

深入刻画脸部关系。

对面部器官及头发进行进一步的塑造，右边的眼睛用笔触进行卡点。很多人不会处理细节和整体的关系，以为深入刻画就是画得和照片一样，这种理解是有误的，细节更多是层次的深入和对局部和整体关系的把控，像眼睛卡点，对结构关键部分进行强调比面面俱到更生动。同时注意脸部的处理，这里看似笔触凌乱，但是眯着眼睛看，还是要用体块概念来理解。

06 ►

涂抹头发，整体调整。

概括处理头发，注意笔触的长短，头发不要画得雷同。
在瞳孔及发丝的细节里下笔，不求多但求精，锁骨部分也要注意卡点。整个画面要做到粗中有细，在大胆的笔触下，勾勒人物的美感和光线。

2.3.3 光线美女示范——强烈光感营造

感受人物的颜
色变化，快速
地铺色，有些
紫色作为底色
被保留

01 ◄

用网格法起形，快速铺色。铺色时注意颜色随着光线
强弱有所不同。

弱对比

强对比

对比的强弱是相对
的，所以我们在视觉
中心点可以刻意加强
对比，以突出光线和
人物眼神，把远处脸
部分适当削弱

02 ▲

对头发和背景快速上色，因为头发整体处于暗部，所
以先整体画重，后面再来找关系变化。

03 ◄

画出右边头发的颜色和光感，表现出面部的体块变
化，这里右边的眼睛比较突出，我们画的时候要加强
对比去铺色。

04 ▶

隐藏线稿，用铺色笔刷大圣肌理继续表现层次。
对头发、背景、明暗交界线进一步铺色，脸部右侧接近光源，导致明暗反差很大，所以右边眼睛处的明暗交界线重且纯一些。右边的脸颊画出大的体块就显得十分饱满，用大笔触概括地画背景及衣服，背景有冷的蓝色，也有相对暖的绿色，还有一些绿灰色，控制好它们的笔触关系，不要凌乱。同时注意头发的体块应进行分组表现。

这里的绘制相当困难！新手总容易被头发表面颜色和发丝迷惑，不会去做分组，这里需要主观＋客观地去安排头发的前后和分组关系，实现美与节奏的统一

05 ▼

深入刻画脸部关系。
对脸部进行进一步的塑造，右边的脸上暗部非常难处理，一不小心就画"脏"了。这里我们就要注意"光线的推移"，其原理是离光线近的地方对比强且纯，离光线远的地方对比弱且灰。同时要注意物体之间的颜色反射，暗部的颜色我们一是要把控体积，二是要考虑光线推移之后，把暗部的色彩倾向微妙地表达出来。

暗部弱对比也要注意体块关系

画的时候眯起眼睛模糊地看，看暗部里是否有不和谐的颜色，让暗部融为一体

06 ▶

表现暗部的眼睛时注意表达其瞳孔的质感，但不要太专注于细节，点到为止。

围绕头发进行刻画，注意头发右边更靠近光源，对比强烈，有暖色进来，到左边就慢慢有冷色和灰色进来，我们把这种光线在头发上的体现都——表达充分。

冷暖并置在一起，以丰富颜色

头发注意前后的叠压
有的笔触完全是为了表现节奏

08 ▲

概括处理头发，这里的头发不少，呈波浪形，所以我们画的时候就要对头发进行分组归纳处理。将暗部的区域压重，将叠压在上面的头发提亮，同时注意下笔要果断，拉开与脸部的节奏。

09 ◄

用涂抹笔刷进行深入的、节奏控制的涂抹，背景涂抹做出笔触感，把头发里太突兀的地方涂抹掉，让颜色衔接更充分，加强眼睛高光，把脸部涂抹得更柔和、细腻，这样整体画面就更舒服。

2.3.4 光线美女示范——环境色渗透

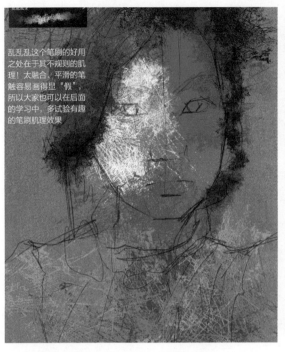

乱乱乱这个笔刷的好用之处在于其不规则的肌理！太融合、平滑的笔触容易画得显"假"，所以大家也可以在后面的学习中，多试验有趣的笔刷肌理效果

01 ▲

用网格法起形，快速铺色。这里我们用"乱乱乱"笔刷，这个笔刷用得好就有特别的效果。

02 ▲

画出脸部大致的体块。

03 ►

画出整体的环境，人物背后是阳光下的街道，概括地处理成高明度色块，为后面的环境色渗透打好基础，同时周围的光线透过树叶会形成光斑落在人物身体上，把位置表现出来。

背后有很多树木草地，选择整体虚化且概括，仅仅把光感的亮和纯抽取出来进行重点表达

04 ►

刻画脸部的层次，这里脸部的光线渗透很有意思，偏向于暖色且带有一些绿色倾向的关系，这和前面几张偏向冷色、灰色的作品是不同的。在鼻子和脸部区域，沿着交界线画出体积变化，同时做好暖色的过渡。

注意受光线影响出现高
纯度的红色，注意受环
境影响出现的绿灰色

深入刻画眼睛、额头及暗部脸颊的颜色。

隐藏线稿，对面部器官进行进一步的塑造，要表现出左边的眼睛和额头体积的起伏感，在暗部脸颊区域同时加入偏红的暖色（这里受头发的影响），在腮红区域加入更多偏红的重色，在脸部的右下方加入更多灰色（受周围环境色的渗透而偏黄绿色）。

06 ◄

刻画衣服的关系，这里我们像"点彩"一样画，用笔触轻点的形式去表现色彩变化，力度不重，每一笔用不同的颜色。

07 ◄

涂抹画面，这里的节奏主要分为4个，大笔触涂抹的背景，小笔触涂抹的头发（发丝要表现，不然画面会有点儿空），脸部的光线渗透（比较细腻），点彩一样概括处理的衣服，通过不同的节奏使画面关系更丰富。

2.3.5 笔触节奏——主观的概括笔触

用刮刀笔刷快速铺色，这张图以固有色为主

体块概括，这里的底层是口轮匝肌与咬肌

画出黑白灰，画面效果马上更突出，很多时候把"黑、灰、白"这3个颜色区分开，画面就不会凌乱，这是新手和老手都需要反复思考的

01 ◀

用网格法起形，这里用刮刀笔刷，用来表现肌理非常方便。先用大笔触铺色，这张图整体是高明度的，白色里面的变化要画出来。

02 ▲

继续用笔刷画体块，逐渐加重颜色，不要担心颜色过重，做底色时宁可重一些，后面还有余地提亮，如果铺浅了，后面再补重色就麻烦很多，这点在画人物、动物，尤其风景时要注意到。脸部我们用体块的方式去理解，我们要刻意练习体块的表现。

03 ◀

对脸部、衣服、背景做进一步处理，继续加强黑白灰的层次，画面就更有张力。同时留意手臂和头发的笔触，下笔其实很轻，留有余地，而且笔刷在轻松的笔触下会产生一种类似刮刀不均匀的痕迹！这是很有趣的肌理。

隐藏线稿，主观地把握笔触变化，像之前画的脸部体块很强，因此需慢慢地用刮刀笔刷过渡，这里不一定用涂抹笔刷，因为刮刀笔刷本身就带有涂抹属性。我们用笔触慢慢"画"过渡和衔接部分，面部器官部分通过卡点强调结构关系。

画的是"发块"不仅是"发丝"，把控好粗细、大小、方向等节奏

05 ►

增加头发的亮色和笔触。

感受这里下笔的力度，一笔就是一笔，不拖泥带水同时这里的亮色如同前面讲的光线推移，右边的头发颜色更亮，远处就弱，这样光感更自然。

07 ▲

用刮刀笔刷涂抹，右边的背景加重一些，以凸显人物的形象。发丝用自由笔触去画，让画面更加灵动，最后点上"灵魂"高光（注意高光不要全是白色，也需要分最亮和次亮）。

06 ▲

刻画脸部细节、眼睛的眼神、眉弓的衔接、下嘴唇的卡点、鼻头及鼻翼的边缘处理、下颌及下巴的衔接等。

2.3.6 笔触节奏 —— 多种笔刷叠加肌理

01 ▶

用网格法起形，这里依然用"乱乱乱"笔刷。笔刷使用有一些技巧，画的时候都用大号笔触，这样一些乱的肌理会留在画面上（画小笔触会显得腻）。后面再进行过渡和适当保留，画面就更有韵味。

笔刷乱，但是笔触不乱，需要按结构来自然地画笔触

02 ▲

用这个笔刷继续铺色，这时候笔刷适当调小一些，围绕着结构体块下笔，右边腮红区域画出颜色的变化。

03 ▶

笔刷换为大圣油画肌理混合笔刷，用不同的笔刷让画面肌理更加丰富，轻松卡点把眼睛、嘴巴、鼻子的边缘位置画出来。

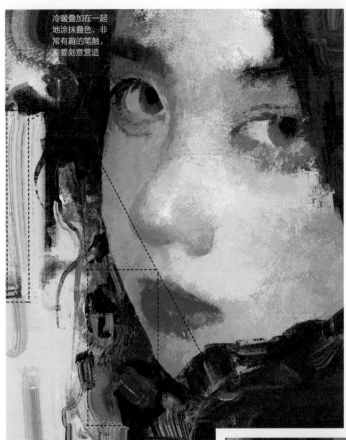

冷暖叠加在一起
地涂抹叠色，非
常有趣的笔触，
需要刻意营造

04 ▶

在涂抹模式下用刮刀笔刷去画背景，这里把笔
触从黑的地方往下带，可以把深颜色带进浅
蓝色里面，达到混色的效果（该技巧需要留
意）。头发同理做一些混色，卡点鼻头的边
缘，同时用放松的笔触。左边的眼睛卡点边
缘，人中位置做衔接。

注意笔刷、笔
触之间的衔接
力度和手感很
重要

05 ▶

细节收尾。

右边的头发和左下角，用刮刀笔刷涂抹出来
一些混色，刻画眼睛、嘴巴和脸部细节。眼
睛比较重要，这里我们笔触紧一些，强调形
状。脸部刻画很难，我们反复用"乱乱乱"
笔刷去做肌理，如果做得不好（对颜色或
者出来的纹理、笔触效果不满意），就重
新做。

提醒大家：我们在画笔和涂抹里切换，用到
了"乱乱乱"笔刷、刮刀笔刷、大圣油画
肌理混合笔刷3种，并且在笔法和力度上都
不相同，所以要好好熟悉各种笔刷搭配的
用法。

2.3.7 笔触节奏——不同笔触节奏变化

在这个图底上用刮刀笔刷有一个显著的好处：可以通过刻画透露下面的肌理增加画面

01 ◄

添加一个油画纹理素材（放到最下面），上面放上色层，再上面是线稿层。用网格法起形，快速地用刮刀笔刷画色块。

脸部用刮刀笔刷轻轻地画（力度要小，因为这个笔刷本身带一些涂抹效果），就容易画出油画质感

02 ►

背景概括地进行上色，快速找出脸部的明暗关系。

03 ▲

加深头发，凸显出脸部的边缘，右边脸部结构轻微地体现人物的特征，绘制头发整体形状。

04 ▲

刻画面部器官及手部。这张图明暗对比强烈，但又不同于之前的几个光线美女示范，暗部需要详细把控，在刻画的时候用刮刀笔刷顺着体块下笔。这里要注意笔触的大小变化，背景和脸部都用刮刀笔刷，只是笔触大小不同。

越是容易忽略
的地方越应该
重视，卡点或
要微妙地处理

05 ◄

隐藏线稿，深入刻画面部器官。比如稍微卡点左边眼睑和
双眼皮，眼睛的神态和美感马上就表现出来了。仔细看看
左边鼻翼和鼻头的明暗交界线，以及鼻孔的位置，在有形
和无形之间做出把控，"卡"了形状也留了余地，放松地
去画。上嘴唇的嘴侧和下嘴唇的下方暗部，以及下巴的明
暗交界线，用同样的手法轻松、自然地处理，需要好好
体会。

06 ►

左边的头发感觉浅了一些，将其加重并且用大笔触进行涂抹
处理，让整体在暗部的头发不至于"死板"，这就是用笔触
让画面更"透气"的方法。

把一些亮色"拉
扯"到暗部里，增
加透气感，特别是
遇到大块暗部黑色
时一定要这样处理

07 ▲

继续用刮刀笔刷刻画细节，在左边的暗部头发里面做肌理，
使其更加透气。右边的头发用笔触"收拾"出来，同时把手
臂、肩膀的位置大概体现出来（不要卡死）。

08 ▲

在头发的明暗上继续做文章，根据自己的经验加上紫灰色，
同时发丝用小笔触更加奔放地表达出来。最后点上灵魂高
光，整个人物秀美的气质就表现出来了。

2.3.8 色彩控制讲解——叠色法

01 ▶

用网格法起形，这里画线稿时就可以思考后面的颜色要怎么处理、怎么去把控构图关系等。

这个蓝紫色是前期的经验性做法（在暖色光下，暗部偏蓝紫色），在后面刻画客观物体光线时，我们逐渐削弱主观的概念，找到客观对象颜色和主观经验感受的平衡点

02 ▲

铺出人物和背景色，先表现强烈光影效果，亮部暖色，暗部蓝紫色。

明暗交界线其实非常复杂，且颜色变化多，前面先概括大概的明度和颜色

03 ▶

开始深入叠色，这里叠加的颜色层次还不够多，主要把自己感受的颜色画出来，加强明暗交界线的对比，暖色给得更充分，夸张的对比也是一种美。

这一步用冷暖叠加并置的手法，类似于印象派的点彩，下笔要轻

04 ◄

隐藏线稿（需要时可以显示线稿保证形状准确），找出衣服里面的暖灰色，注意铺色不是一步到位的，是从一开始的蓝紫色慢慢加入更多的思考和眼睛看到的颜色进来，使颜色逐渐丰富起来。

05 ▼

进一步叠加颜色，并且开始收形（形状过松散就不好控制了）。对衣服里面的冷暖色反复给颜色，笔刷很轻，须多次叠压，每次不涂满，留下空隙，对颜色进行混合后，画面更加丰富。

注意：坚硬的边缘（卡点），虚化的边缘，都可以用来拉大空间感和表现形状

06 ◄

画出腿部和手指的形状，进行虚实的主观处理，手指的暗部直接虚化，裙子的暗部也虚化一部分，这样的虚实变化更有趣。

07 ▶

用大圣肌理笔刷继续在裙子上"点"画,冷暖都叠压,然后眯着眼睛检查关系。

08 ▼

丰富点画和锁骨部分的颜色及笔触,现在画面的颜色比较丰富且统一,细节用松弛的手法继续画,边缘该画出的就画出,其他地方就适当虚一些融入背景里。

09 ▶

用肌理笔刷涂抹,切记不要涂抹均匀,保持笔触和丰富的色彩关系。

2.3.9 色彩控制讲解——主观色彩倾向控制

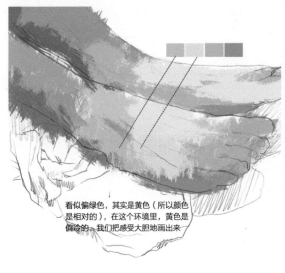

看似偏绿色，其实是黄色（所以颜色是相对的），在这个环境里，黄色是偏冷的，我们把感受大胆地画出来

01 ▲

用网格法起形，用新油画笔刷铺色，颜色使用大胆一些，加入自己的感受。

02 ▲

新建一个带底色的图层，把袜子、投影区域整体颜色画出来。因为袜子的固有色，这里的投影偏黄色，桌子上的投影偏紫色。

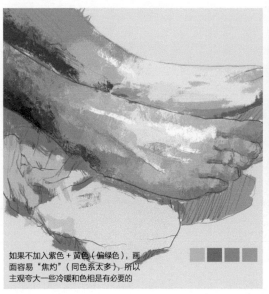

如果不加入紫色＋黄色（偏绿色），画面容易"焦灼"（同色系太多），所以主观夸大一些冷暖和色相是有必要的

03 ▲

用大圣油画肌理混合笔刷铺色，我们从自己感兴趣的地方开始入手铺色。大家可以看到这里脚部的"青筋"使用的是更加主观的暖黄色，脚趾部分血管丰富，更偏橙色和品红色，这里使用的颜色很多出于主观感受。

04 ▲

刻画大脚趾的颜色，使用叠色法，把不同的暖色叠加在一起，这种暖黄色和暖品红色的色彩衔接比较和谐。

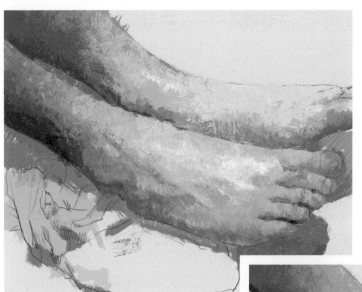

用同样的手法去刻画足背和远处的脚，画的时候围绕体块（只看颜色不管体积，画面就会凌乱）进行。

06 ▶

深入刻画远处脚的颜色，大家可以看这一步和上一步的两只脚颜色的微妙变化。一些有趣的紫色和暖黄、偏灰的颜色被加进来，特别是远处往后的体积，用小灰面去表示。画袜子时我们像处理布料一样就好，画得更加硬朗一些，宁方勿圆。

远处往后转折的小灰面处增加体积厚度

边缘不可卡死，需要变化

远处对比弱，近处对比强

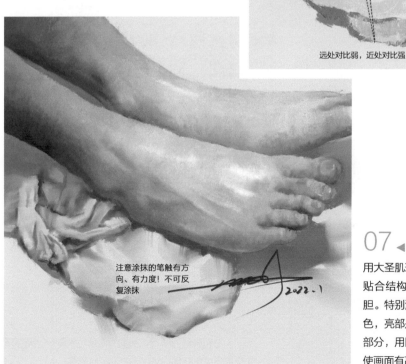

注意涂抹的笔触有方向、有力度！不可反复涂抹

2022.1

07 ◀

用大圣肌理油画混合笔刷涂抹，脚部的笔触贴合结构，袜子部分的笔触更加果断、大胆。特别注意：脚趾里面的暗部用的是品红色，亮部是暖黄色，颜色衔接好，还有脚踝部分，用同样的叠色法把颜色糅合在一起，使画面有高级感。

2.3.10 弱光线照片处理手法讲解——主动进行光线及颜色处理

01 ◤

用大圣肌理油画混合笔刷铺色。这张照片比较典型。很多时候我们会用照片给人画像，但照片的质量是参差不齐的，常见的是平光的照片。这种照片因为光线和颜色的变化少，十分难画，所以我们画的时候就要从其他方面着手。

原照片整体很灰，画出来的效果不好，我们主观增强纯度

02 ◤

主观地给脸部及头发上色，给予更加丰富的色彩纯度，这样处在平光下的人物会更加生动。

03 ◤

刻画头发和脸部的细节，头发的蓝紫色很微妙。亮部里面有更多颜色变化，暗部则要变灰、加重。

05 ▼

用刮刀笔刷进行涂抹，这里因为脸部头发比较实，刻画得相对充分，那么手部和衣服就虚一些，用大笔触刻画。

藏色，把下面饱和的肤色藏在灰色环境光下远处的嘴巴附近的肤色冷一些以拉开层次

笔触可以放松，但不要凌乱。用各个方向的笔触、大小结合的笔触，做出不同的节奏来

04 ▲

隐藏线稿，刻画脸部的层次。这里可以明显地看到，脸部虽然在暗部，仍然具有微妙的形体。

06 ▶

细化发丝的细节，点高光。根据光源在脸部左右加上不同的色彩变化，右边加入一些暖色，左边加入黄灰色（偏冷）。

顺着结构来表现光感

07 ▶

主动加入光线及颜色，让画面在平光的基础上有光影变化，这样的主观改造在用照片画像时是非常有必要的！

2.3.11 弱光线照片处理手法讲解——主动进行笔触处理并强化五官

01 ▶

用网格法起形，从脸部入手，因为人物的脸部比较有特色，皮肤比较红润。我们趁着有灵感快速进行表现。

02 ▲

用大圣肌理油画混合笔刷铺大色，头发直接上深色，让画面的黑白灰关系明确。

我们在画这种固有色比较分明的作品时，省去了分清黑白灰的麻烦，头发黑、衣服灰、脸部皮肤白，要处理的就只是每个颜色里面的变化

03 ▶

隐藏线稿，进一步刻画关系及头发的层次。这张图其实属于非常典型的自拍型构图，我们在大部分接稿和画图时会遇到这种构图类型。一方面，其角度和构图相对不好处理；另一方面，平光照片比较难画，我们要进行主观的笔触及颜色处理。

04 ◀

刻画脸部细节，人物眼睛比较大，我们要准确地画出其形态，同时嘴巴和脸部融合得比较好，这里大致画出嘴巴的体块。鼻子比较圆润，我们分出体块，并且把下巴和脖子衔接层次画出。

局部可以用铅笔画，但是下笔需要放松、松弛，刻画需要点到即止，多缩小画面看大关系

刮刀笔刷在涂抹模式下非常好用！做枯笔打破黑白灰色块的僵硬感

05 ▶

对画面笔触进行梳理，眼睛加高光，鼻子过渡得更加柔和，重点是头发和背景。头发我们用刮刀笔刷大笔触概括地涂抹一遍，在中间加入发丝（枯笔），同时大笔触里面要透气（让亮色混入头发，使头发显得更加灵动）。并且在背景和衣服里用混色的方法画节奏，手部采用勾线的手法增强画面节奏，这样整体就不显得呆板了。其实改动不大，但是和上一步比起来就好像多画了很多细节，这就是笔触控制得当的魅力！

2.3.12 肌理叠图演示——通过添加图层丰富画面效果

01 ◀

大胆起形，快速做出颜色的层次（很多画面一开始看起来不好看，但是经过耐心梳理，画面就好看了）。

02 ▶

用软件自带的尼克滚动笔刷画一些脸部和衣服的体块。

03 ▶

丰富一些体块的细节，前期的颜色更加概括，把精力放在体积的营造和空间感的处理上。

肌理本身带有细节，我们的笔触需要配合肌理去画出油画的感觉！比如亮部高光，用摩擦的运笔来提亮以体现质感

04 ◀

在图像上方加入一个灰度的肌理图层，并且改成正片叠底（可根据需求调整透明度）模式。对衣服的体块进行大笔触的绘制。

05 ▲

这里的光线十分有趣，黄色光线和整体画面的对比关系，使颜色就好像从油画里面"跑出来"一样，围绕左边的黄色光线在脸部和头发的部分做细节的深入刻画。

06 ▲

用大笔触刻画背景和衣服部分，相对刻画脸部的严谨、细腻，这里需要更奔放一些。

07 ►

刻画头发及鼻子的层次，头发并不好画，里面的紫色和呈现的衔接不好处理，一不小心画面就显得脏了，所以我们画的时候要注意饱和度，适当低一些方便融合。同时围绕体块去画头发，在鼻子区域加入一些纯色，以凸显光感。

选择低饱和度紫色很重要，在头发边缘处加一些发丝

08 ►

处理细节，在眼神的处理上下功夫，因为人物向下看，眼神的拿捏、眼睛的形状绘制注意要到位。

2.3.13 笔刷试验——新油画笔刷示范

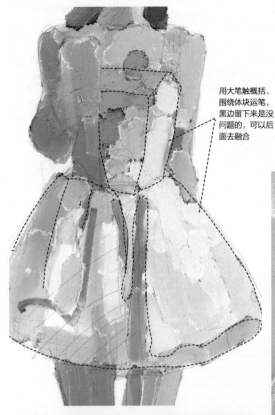

用大笔触概括，围绕体块运笔，黑边留下来是没问题的，可以后面去融合

01 ◄

用网格法起形，我们用特制的"大圣油画 超级纹理"笔刷进行绘制。其实人物穿着米白色的裙子，画的时候加入自己的主观感受，处理得更暖一些，用大笔触概括地画体积和块面。（提醒：使用这个笔刷时要用力，不然画出来的颜色太浅！）

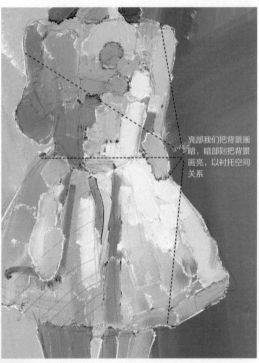

亮部我们把背景画暗，暗部则把背景画亮，以衬托空间关系

02 ▲

给背景部分铺色时要注意衬托空间关系：人物亮的地方背景暗，人物暗的地方背景亮。这样亮、暗相互衬托，能凸显人物的形象，同时因为人物本身画的纯度高，背景就适当暗一些，这样空间感更好。

03 ◄

继续用"大圣油画 超级纹理"笔刷刻画，从胸部开始，画的时候笔触小一些。这个笔触有黑色的边缘，所以画的时候下笔别太干脆，适当涂抹一下，这样黑边的衔接就舒服很多（要习惯去控制这款笔刷的黑边，也可以改用白边和有色的边缘，依据底层颜色而定）。

04 ▶

刻画肩部、手臂及胸部，我们在结构的基础上用体块去表现，下笔的力度和颜色要把控好。

我们用更饱和的颜色去把控体积，同时留下运笔痕迹，更容易出效果

05 ▲

刻画手指和左边的裙子，手腕部分我们加入一些冷色。这个冷色比较微妙，体现了环境的影响，同时暗示体块的转折，一定要重视。裙子部分的塑造和高光也对体积的呈现很有用处。

06 ▶

刻画裙子右边的细节，这里的暗部用一些棕色，这个颜色和黄色为同色系，但明度更暗，因此衔接十分流畅，所以可以快速运笔，留下笔触的痕迹。

07 ◄

深入刻画裙子左边的细节，这里不像右边的强对比，左边的冷色对比很弱。我们眯着眼睛观察，这里需要很好地融入空间里，甚至背景里，才能更好凸显人物的重点部分。

08 ▲

处理细节，进一步完善右边裙子的层次，背景一些夸张笔触也通过处理融入画面，腿部的小体积适当体现。

09 ◄

收黑边，这里用同样的笔刷去控制黑边的融合。同时用大圣油画肌理混合笔刷在涂抹模式下去涂抹，既能保证笔触的"爽朗"，又能融合过于明显的黑边，使画面整体更舒服。

2.3.14 节奏关系——起伏的画面变化

01 ▶

用网格法起形，直接用刮刀笔刷画大色块。这张图看似简单，实则有比较难处理的地方，那就是人物和背景的关系。人物整体处于正面光照里，而背景都是黑暗的，在这种光照（光线均匀）下脸部容易画得平，背景死板（太暗），所以我们需要主动思考节奏关系。

肤色底色大部分时候要给重一点、纯一点，留出提亮和做灰的空间

02 ▲

给背景部分铺色，这里我们适当留一些枯笔，不要画得太慢。在背景的颜色里面加一些红色的倾向，与头发的黄棕色、衣服的冷灰色拉开色相上的节奏。

留底色让画面更丰富，这就像我们用有色纸画画时留出底色一样

03 ▶

添加一个肌理图底作为背景，这样我们的明暗层次有一个中间调子（需不需要图底要根据不同的画面和想要的结果来决定）。这样背景的层次就相当丰富了（设想：枯笔+肌理背景+流畅的头发笔刷+细腻的脸部+竖向用笔概括衣服）。

04 ▶

刻画脸部的体块，大家注意脸部在平光的照射下要更多地刻画固有色，把颜色和形体画准确，弱化骨头（颧骨），突出女性的柔美感。头发有层次关系，受光区域适当画亮一些，拉开和后面头发的距离。

平光下，做出投影和小灰面可以快速体现体积感（衬托亮面）

05 ▶

刻画瞳孔的形状和颜色，梳理眉弓的位置和形状，双眼皮的位置要卡点（平光下，要强调小结构），鼻头的投影和鼻翼处通过卡点强调，嘴巴做一些体块的过渡。

用特殊的扭动的笔触来强化画面效果，参考梵高的笔触（笔触语言本身值得研究）

06 ▲

刻画瞳孔的透明质感，同时刻画睫毛、下眼睑（画下眼睑的睫毛时要注意长短和方向的变化），点上高光，鼻梁的侧面注意小结构的衔接，用刮刀笔刷过渡。嘴巴画得比较简练、轻松，用简洁的笔触收体块、点高光。

07 ▲

深入塑造头发的质感和笔触，这里回到我们最初的设想。用洒脱的笔触画头发的关系，与脸部细腻皮肤形成强烈对比，同时衣服用纵向肌理笔触再拉开层次，整体画面通过多种节奏营造起伏、变化的有趣效果。

第三章
动物厚涂技法讲解

Procreate动物示范讲解

Procreate 动物示范讲解

3.1 宠物体块的重要性——小狗头部示范

这个水彩铺色笔刷
适合平涂（笔刷本
身带纹理）

01 ▲

用网格法起形，用大圣水彩铺色笔刷大笔触铺色块。这里
我们直接画固有色——毛发本身的颜色，后面再加暗部和
提亮（这和人物绘制有区别）。

02 ▼

用大圣水彩铺色笔刷从左边开始推移着画，这里线稿的线
条都是表达结构转折的结构线。画动物时不要被毛发表
象所迷惑，该笔刷也有涂抹的属性，画的时候可以下笔
涂抹。

下笔控制轻重，衔
接的地方轻一些，
让其融合，边缘的
地方重一些，强调
形状

胡须、毛
发下笔松
弛且肯定

03 ▲

用同样的手法对右边的头部进行塑造，耳朵处适当绘制一
些毛发出来（这里用浅色和偏粉的亮色）。

04 ◀

隐藏线稿，继续用该笔刷刻
画细节，这里我们就可以增
加毛发的质感了，因为之前
已经把体块的基础打好，所
以画毛发就得心应手。鼻
子、嘴巴、胡须都用一样的
笔刷但不同大小的笔触去刻
画，这个笔刷的制作也是很
有特点的，很考验使用者手
上的轻重和熟练度，需要多
尝试。

3.2 笔刷的妙用——兔子示范

01 ▼

用网格法起形，画得适当放松一些，与人物不同的是，动物夸张的造型和变化并不会影响整体的观感，大家可更放松地画动物形象（最好带有自己的感受和感情去画）。

这张兔子我画得非常快！一共 35 分钟，因为对这个照片很有感受，同时处理也很概括，前期直接大色画出形体，很多部分颜色做夸张处理！如草地、背景、耳朵等

02 ▶

用肌理笔刷塑造体块，大胆加重，有两个用处：一是凸显兔子本身的明暗层次，让兔子更"实"，从而和背景拉开；二是烘托白色毛发的明度以及耳朵的暖色毛发，形成冲突的对比美感。

黑色毛发和白色毛发都直接把重色给到位（黑色毛发带蓝紫色倾向，白色毛发带黄棕色感觉）

03 ◀

用肌理笔刷进行涂抹，耳朵这里前实后虚，并且可以刻意使用笔触去打破固有的形状，增加变化，兔子脸部的涂抹围绕体块进行，注意混色，别让颜色涂抹得过"闷"。

涂抹的几个节奏：整的背景、肉肉的形体、毛发的层次、边缘的破形、笔触的挥洒

04 ▲

进一步塑造毛发和躯干部位，要特别留意笔刷的用法及笔触的美感！这是最难的，可能同样的笔刷，我们用的力度、方向、技巧不同，画出来的效果就会相差很多，所以需要多练习笔刷的用法，去感受不同笔触的效果。这里的背景处理得更加"大"，用大笔触概括，凸显兔子身上的小笔触。

05 ▲

塑造收尾，身上的笔触非常有意思——显出肉肉的感觉。这就要求大家画的时候笔触要根据结构、体积去画，不能随意去"摆"笔触，结合形体去观察，如何摆笔触更合适，而背景、草地则应刻意、适当地放开笔触去做变化。

3.3 笔刷的妙用——猫咪示范

冷暖并置的背景

01 ◄

用网格法起形，同时快速把颜色感受表现出来。

02 ▼

用肌理笔刷塑造体块，同时快速赋予颜色倾向，右边的暖光和左边的冷光在毛发上有一些有趣的融合，画的时候注意衔接和过渡。这只猫咪的神态很有意思，重点表现歪头动作、不屑的眼神及嘴角，这是画面趣味所在。

先归纳身体的体块朝向关系，然后根据朝向画明暗色彩，这与画头像是一个逻辑

03 ◄

加深蓝色部分的暗面，将颜色画得更重一些，同时将整体背景压灰，这样才不会抢主体物猫咪的空间。

背景要整体地上色，
轻轻地揉画笔触，脸
部果断点避免糊了

04 ◀

涂抹刻画，顺着结构下笔。

05 ▲

继续深入，注意根据体积和笔触节奏去下笔。

加入破形的松动笔触，
以及自由概括体积的笔
触、表现细节的笔触
（HB 铅笔）

06 ◀

整体观察，查漏补缺，调整细节，对瞳孔的细
节进行刻画，画瞳孔时笔触弱一些，不要留出
笔触，以凸显瞳孔的玻璃质感。用HB铅笔来勾
勒胡须，注意有长短和方向的变化，同时可以
有交叉或者弧度变化，这样更加生动。耳朵部
分也可以用破形的手法进行丰富。

3.4 色彩与氛围——猫咪示范

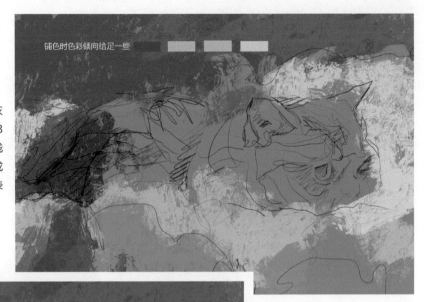

铺色时色彩倾向给足一些

01 ▶

这张照片整体是蓝色调，用蓝灰色填充底色，然后自由地用HB铅笔画出线稿。因为摄影的光线设置，蓝色背景和暖色猫咪形成强烈的冷暖对比，我们试着去表现这种光线。

02 ◀

用肌理笔刷塑造体块，猫咪的身上主要是固有色，猫咪的下方有一些灯珠，照射至猫咪身上，我们顺应照片的颜色来上色（当照片本身光线很好看时我们顺应照片，当照片拍得不好看时需要进行主观修改）。

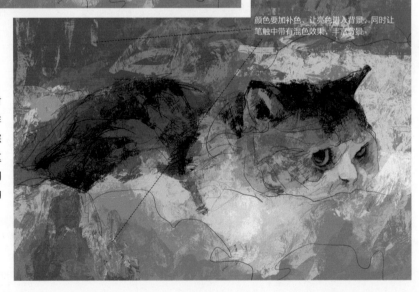

颜色要加补色，让亮色进入背景，同时让笔触中带有混色效果，丰富背景

03 ▶

塑造猫咪脸部的形体，光线照射脸部，形成暖黄色和橙色。这样的光线下，暗部过渡带有一些棕色和紫色（偏离了固有色），这种变化很有趣，以后写生时我们可以主动观察，同时猫咪下方的暖色、上方的笔触相应加强。

04 ▶

涂抹背景时用大笔触，这样
很多细节（笔触肌理）被涂
抹到整体里，其实更有利
于我们突出主体物猫咪的
细节。

05 ◀

深入刻画猫咪脸部的层次，
涂抹的时候留余地，把颜色
混在一起，蓝色底色也适当
预留一些，画面看起来更通
透。我们画色彩时不仅要观
察，还要多思考色彩的规
律、冷暖的叠加形式等。

06 ▶

涂抹收尾，用鲜明的笔触将
整体画面的氛围烘托出来，
猫咪身上的笔触画得很有张
力（猫咪本身的毛发没有这
么夸张，进行了主观的笔触
加强处理），同时进一步虚
化背景的笔触。提醒：运用
好笔触、颜色及虚实能帮助
我们画出氛围感！

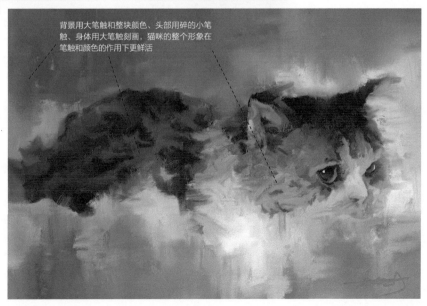

背景用大笔触和整块颜色、头部用碎的小笔
触、身体用大笔触刻画，猫咪的整个形象在
笔触和颜色的作用下更鲜活

3.5 颜色的主观控制与节奏——猫咪示范

将第一印象的颜色直接画上去

整体梳理出黑白灰：背景黑、地面灰，猫咪白偏灰，大效果更容易出来，同时归纳背景颜色笔触

01 ◄

起形、铺大色，这张照片中有一只白色的猫咪，它的动态及毛发非常有趣，快速地把毛发上第一印象的颜色（米白、橙色、紫色）画上去，同时压重背景颜色。

02 ▲

用肌理笔刷塑造体块，猫咪的头部很小巧，颜色为少许淡紫色和灰一些的浅蓝色，需要仔细地控制笔触画出。同时暗处的毛发颜色也很重要，我们用红灰色压上去。

03 ◄

塑造背景，这里的背景非常杂乱，我们主观控制颜色和节奏，把背景概括成平的色块模式，这样有利于突出主题。同时选择比较冷的蓝紫色，压暗整体，降低纯度，这样的颜色和后面我们要画的猫咪身上的毛发能形成更强的色彩冲突。

04 ◄

用大笔触涂抹背景，这样很多细节（笔触肌理）被涂抹到整体里，其实更有利于我们去突出主体物猫咪的细节。

05 ▼

从感兴趣的部分开始涂抹，注意修饰边缘笔触（不要让毛发和背景粘连在一起），同时适当强调边缘笔触（类似一些画装饰画的手法）。

小裙子有非常多细节，花纹、图案、颜色，容易扰乱画面。所以直接概括成色块，把多种色彩的白色作为画面重点

06 ◄

涂抹背景和左边的小裙子，背景刻意加入黄色（黄色和紫色互补）。笔触不要太花哨，涂得平一些，这样我们画猫咪的时候可以添加更多笔触和节奏。

07 ◄

刻画左边的小裙子，注意这里的颜色选择也是非常主观的，加入一些品红色、白色（本身这里并没有这种颜色），这是权衡左边的构图和最右边背景的重色后所做的调整，同时颜色更加纯（比起照片的灰色小裙子）。

08 ►

开始画毛发，注意这里的暖色分成暖橙色和暖黄色，再匹配一些营造氛围的淡紫色，形成有趣的互补。同时在亮部毛发处用大胆、肯定的笔触，暗部的笔触采用涂抹技法融合，再对紫色的边缘进行刻意强调（进一步增加装饰性）。

09 ►

画好右边躯干的笔触层次。刻画瞳孔的质感、胡须的表现，同时在地上补充一些微妙的笔触。

瞳孔是猫咪重要的部分，进行细腻刻画，拉开其和豪放笔触及色块的节奏，这样就凸显了猫咪的特点

3.6 趣味宠物——戴珍珠的小狗示范

01 ▲

用网格法画出线稿，背景铺重色。

体块意识要时刻保持，白色毛发要注意增加变化，要点是抓大放小

02 ▲

铺出小狗的头部形体，这里的鼻子和嘴部可理解为圆柱体，围绕着圆柱体用色，画出体积感。

03 ▲

给右边的脖子部分上色，这里偏向用固有色。

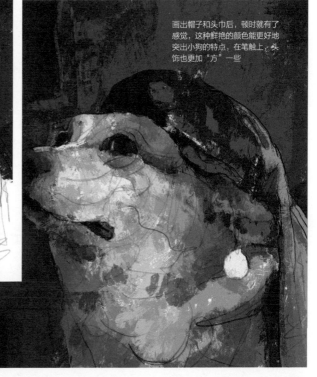

画出帽子和头巾后，顿时就有了感觉，这种鲜艳的颜色能更好地突出小狗的特点，在笔触上，头饰也更加"方"一些

04 ▶

这里最有趣味的是小狗形象的设定——戴珍珠耳环，同时提醒我们：可自己设定道具和主题给宠物来增加故事性，这样的画面更有趣味。画的时候同样用固有色铺出帽子的蓝色和黄色，加重左边脖子的体积层次。

画背景的笔触要变化，同时给边缘加色（装饰手法），这样背景和主体物之间的联系更加紧密

05 ◄

丰富背景的色彩，之前的太过单一、平均，适当加入一些颜色，后面刻意涂抹出变化。

06 ►

涂抹背景和帽子部分，这里的笔触比较柔和。在鼻头位置把装饰性边缘也融入画面，这可以较好地拉开鼻子和背景的距离。

07 ◄

用同样的涂抹手法对整体进行塑造，边画边观察，时常眯着眼睛检查整体和局部的关系。在视觉中心鼻子、眼睛、嘴巴附近，我们下最多笔墨和功夫去深入，添加一些有趣的小笔触，把颜色融入，同时加强对比，让亮色和暗色形成冲突，这样和脖子部分就能拉开主次和空间关系。

第四章
风景厚涂技法讲解

风景示范讲解

风景示范讲解

4.1 风景的构成——山间的唯美风景

注意天空的形状、坡地的形状、中景的山和房子，在风景构图时多考虑这些因素

01 ▲

添加肌理作为图底，线稿进行适当概括，这里大家要思考风景与人物和动物不同的点：构图及色块处理。风景里面不同的构图、点线面、色块组合对画面影响极大，这与人物、动物的刻画完全不同，所以其线稿不必太拘泥于准确性，而应思考怎么去组织画面。

02 ▼

安排画面的大色块，这里主要分为远景的天空，中景的山、窑洞、大树，近景的坡地、路面。在思考清楚近、中、远景后，想一想黑白灰和色彩怎么安排更合理，想好了就开始铺出大色块。

把大的黑白灰界定出来，先考虑明度，再考虑色相和纯灰，整体的调子我们定位偏灰色

03 ▶

继续画远景的天空，这里天空比较没有层次，最上面适当加重一些，到远处就浅一些、灰一些，让没有层次的天空有变化。

04 ◄

刻画中景的山的细节，其实笔墨不多，但是每一笔的颜色要有
变化。同时注意衬托关系的运用，概括画出窑洞色块。

概括处理大树，
分亮、暗、树干
3个层次，树干
做透气处理

05 ►

刻画中景大树的关系，其实就是3个重色块的关系，注意
其中的颜色变化，不要画"闷"。同时，给左边的窑洞绘
制更多的笔触细节，卡出关键点。

运用点线面的方式去控制画
面，面处理得整体一些，线
处理得轻松、写意

线

面

06 ▲

画出近景的坡地和路面，适当加入树枝的造型来丰富
"线"的层次，近处的路面也用线条和体块概括处理。

07 ▲

丰富画面效果，增加更多的线条，在坡地上用大圣油画肌理
混合笔刷画一些变化和笔触，再对不合理的笔触和细节进行
调整。

4.2 风景的底图肌理——海港

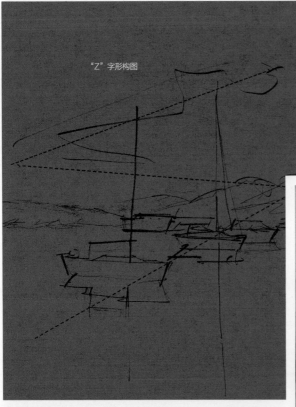

"Z"字形构图

01 ◄

在上方加入一个重色的肌理作为正片叠底，让画面具有暖色的基调及纹理。起形时安排几条船形成Z字形的构图。

用重色概括，水面和天空富有变化

02 ▲

用大圣油画肌理混合笔刷铺大色，天空的区域是比较亮的，中景的山都处于暗部里，需要用低饱和度的暗灰绿色绘制。前景的船和水面是刻画的重点，需要深入处理颜色和形。

03 ◄

围绕远景的天空上色，笔触有颜色的变化。

天空最上方用最亮、最饱和的颜色绘制；下面暗且灰，以明暗和纯灰拉开距离

04 ◄

画出云上面的色彩，上面更纯，笔触用力轻，使画不"沉闷"，适当"点"一下笔触，让肌理留在画面里。

05 ▼

深入画云的层次和船的重色。

为了让湖面不过于躁动，轻轻涂抹云层部分，在保留笔触的同时，让笔触有飘动感

06 ▲

对远景进行涂抹，让颜色衔接更加自然。

07 ▲

整体涂抹，控制画面的关系，画水面的时候思考是凸显还是隐藏细节。在对比天空的关系之后选择弱化水面，让天空中的云成为主体。

4.3 风景的色彩——青青草原

01 ◄

这个画面是较为浓郁的薄荷色调草原,组织安排画面的构图时,用Z字形来引导视觉走向,近处的羊需要重点刻画。

02 ►

选一个中间色的青绿作为底色,从远处的天空开始下笔,用白色的笔触来提亮云的亮部,再用蓝灰色画云的暗部,也让云更加"远"过去。用蓝紫色画出远处的山脉,同时把树概括成一片片的黄绿色。刻画远处的笔触可以适当地概括一点。

03 ◄

用概括的笔触画出近处的花朵和绿叶的亮色及暗色,同时对于草地的近景、中景和远景用蓝色、绿色和粉色来分区层次。

04 ▶

画羊时，要围绕结构体块来表现，近景处的羊画得完整一些，其暗部由于固有色、环境色的影响，呈现蓝色、绿色、紫色和黄色笔触交叠的变化。

05 ◀

深入刻画画中心的羊，用肌理笔刷做叠色，不断地丰富颜色变化，让近处更吸引人。

羊头部的眼睛，耳朵，嘴巴都是红色，但是红得有变化，要很注意这些体现特征的部分

06 ▶

画出前景处花和草的层次，用笔触变化、色相变化等概括出前景的层次，同时顺带刻画旁边的羊。

07 ◄

完善羊和草地的层次关系，草地的笔触运笔需要变化，不能和花朵一样奔放，要顺着草的生长方向来下笔。

笔触下手非常地轻，慢慢地"磨"出柔和的云朵渐变。

08 ►

刻画远处及天空，相对于近景和中景，远处下笔更柔和，以此舒适地推远空间关系，同时让蓝色、绿色、白色柔和地进行过渡，并把控住云的形状及节奏。

09 ◄

完善近处的草和花朵，分出花朵的亮面和灰面，并注意每个花朵的亮色不能雷同，从左到右，从前到后，都要有变化。